北京服装学院国家艺术基金项目

服饰华章

——中国传统服饰图案传承与创新

王群山　张　楠　主编

Dress
And
Adornment

国家一级出版社　中国纺织出版社　全国百佳图书出版单位

内 容 提 要

中国传统服饰艺术特征鲜明地体现在服饰图案上，如精妙和谐的表现手法、形全意吉的造型模式和笃实达观的装饰意趣。服饰图案应用的意义在于增强服饰的艺术魅力和精神内涵，通过具体形式表现视觉形象的审美价值和人文意蕴的内在功能。由于人们对服饰的需求日益趋向个性化，而服饰图案恰恰能以其灵活的应变性和极强的表现性等特点满足这些需求，因此系统梳理、研究传统服饰图案，分析、总结其代表性图案的艺术特征及装饰规律，广泛应用于人们的日常生活，具有十分重要的学术价值和现实意义。

图书在版编目（CIP）数据

服饰华章：中国传统服饰图案传承与创新 / 王群山，张楠主编 . —北京：中国纺织出版社，2019.3

ISBN 978-7-5180-5861-7

Ⅰ . ①服… Ⅱ . ①王… ②张… Ⅲ . ①民族服饰—服饰图案—图案设计—中国 Ⅳ . ① TS941.742.8

中国版本图书馆 CIP 数据核字（2018）第 300944 号

策划编辑：郭慧娟 责任编辑：谢冰雁
责任校对：王花妮 责任印制：王艳丽

中国纺织出版社出版发行
地址：北京市朝阳区百子湾东里 A407 号楼 邮政编码：100124
销售电话：010—67004422 传真：010—87155801
http://www.c-textilep.com
E-mail: faxing@c-textilep.com
中国纺织出版社天猫旗舰店
官方微博 http://weibo.com/2119887771
北京利丰雅高长城印刷有限公司印刷 各地新华书店经销
2019 年 3 月第 1 版第 1 次印刷
开本：889×1194 1/16 印张：9
字数：90 千字 定价：78.00 元

前言
PREFACE

  中华民族有五千年的文明史，服饰文化作为传统文化的一部分，具有深厚积淀。服饰的款式、色彩、材料、图案、工艺和装饰各有特色，它是中华民族审美意识和服饰制作经验的结晶，是一份具有很高学术研究价值的珍贵文化遗产，是非常值得传承、学习和借鉴的。

  中国传统服饰艺术特征鲜明地体现在服饰图案上，如精妙和谐的表现手法、形全意吉的造型模式和笃实达观的装饰意趣。其艺术特点具体表现在紧密契合服饰造型结构的前提下，非常注重构图布局的均衡、形象塑造的生动、色彩搭配的和谐、工艺制作的精致、材料配置的恰当以及寓意内涵的丰富，这也铸就了中国传统服饰的独特风貌和很高的审美品位。服饰图案应用的意义在于增强服饰的艺术魅力和精神内涵，通过具体形式表现视觉形象的审美价值和人文意蕴的内在功能。由于人们对服饰的需求日益趋向个性化，而服饰图案恰恰能以其灵活的应变性和极强的表现性等特点满足这些需求，所以它的广泛应用具有十分重要的意义。服饰的装饰图案能够及时、鲜明地反映人们的时尚风貌、审美情趣、心理需求，因此把握其应用效果直接关系到消费者对服装的接受态度以及它对服装生产经营者在投产、营销等方面所产生的影响。

  北京服装学院深刻地意识到有责任对当代服装设计师进行素质培养，使他们对服饰图案的传承、创新、应用保持清晰而全面的认识。党的十八大以来，习近平总书记多次强调，要坚定文化自信，推动社会主义文化繁荣兴盛。在此背景下，传统民族服饰的传承与创新迎来了新的发展契机。因此，系统梳理、研究传统服饰图案，分析、总结其代表性图案的艺术特征及装饰规律，具有重要的学术价值和现实意义。

刘元风

2018年12月

目录
CONTENTS

后记

项目概况

一、前期准备

　　北京服装学院1959年建校，是我国第一所集艺术设计和服装工程为一体的特色高校。学校始终致力于现代生活方式设计的教学和民族传统文化的保护传承，在实践中摸索出了一条以"中国传统文化抢救传承与设计创新"国家特殊需求博士项目为主体驱动，本科、硕士、博士三级联动，着眼于实践研究的传统工艺教学研究新模式。学校设有多个国家级特色专业建设点、国家级实验教学示范中心、国家级人才培养模式创新实验区，以及北京市重点建设学科。2016年，北京服装学院被英国《时装商业评论》评为中国最好的时尚高校，在国内外艺术教育领域具有重要的学术地位。北京服装学院拥有高水平的专兼职教师队伍，建设了国家级优秀教学团队。独特的办学优势和鲜明的办学特色，有力彰显了中华民族传统文化，促进了中华民族的文化复兴、文化传承、文化传播，引领了人民的生活时尚、文明传承和文化创新，为我国服装、设计、时尚和文化创意的人才培养和产业发展做出了独特的突出贡献。立足传统文化，将传统文化的元素和精神内涵运用到现代的时尚潮流中，特别是与新材料、新工艺、新手段、新思路乃至新的文化语境相结合一直是北京服装学院所尝试努力的方向。

　　北京服装学院承担的国家艺术基金2018年度艺术人才培养资助项目"中国传统服饰图案传承与创新应用设计人才培养"是一个新的研究方向，聚焦传统服饰图案，以传统图案为研究对象，建立一套完善的专业授课体系是不可缺少的，是保障此次人才培养、健康和持续发展的基础。项目从酝酿申报到立项的近两年以来，课题组成员以积极认真的态度投入到项目建设任务当中，取得了明显成效和丰硕成果，在课程体系建设、课程合理性分析、教学研讨和人才培养探索等方面都取得了很大的突破和进步。首先，课题组借助北京服装学院已完成的相关教改课程进行了有针对性的教学研究，例如：对北京市精品课程的研究、学院内特色课程的研究，了解和掌握国内外院校的教学经验和特色，根据对学生学习的调查，分析和探索服饰传承与创新专业方向课程体系和人才培养的可行性与合理性。其次，通过对其他国内外院校课程体系的广泛了解，在较大范围深入调查和研究的基础上，进一步明确了建设的方向和目标，并有计划地开展工作。同时，本课题结合北京服装学院创办服装与服饰设计专业（服饰传承与创新方向）办学实践，依托学院内科研基地"北京服装学院民族服饰博物馆"和"北京服装学院传习馆"，对服饰图案传承与创新应用设计人才的知识结构、创新能力、职业素质等进行深入研究，一是构建了具有传统服饰文化与现代时尚文化相结合、品牌开发等创新人才培养的专业课程体系；二是构建了"传统（服饰图案）文化研究""传统服饰工艺传承与创新""传承与创新设计"三个课程群；三是创建了关于服饰图案传承与创新应用设计人才培养的教学与研究的教师团队，建立了校外专家资源库，开发校外实践和考察基地，整合学院内外资源，探索了服饰图案传承与创新应用设计人才培养的科学模式。

二、实施过程

北京服装学院"中国传统服饰图案传承与创新应用设计人才培养"项目招收了来自全国16个省市的30名高校教师和设计师，围绕中国传统服饰图案的传承、创新应用这一主题进行教学和研究。师资队伍除北京服装学院知名教授团队外，还特邀中国艺术研究院、中国社科院、故宫博物院、清华大学美术学院、东华大学、苏州大学等知名教授，以及郭培等业内知名专家联袂授课。本次项目分为三个阶段进行，分别是第一阶段的理论授课、第二阶段的实践应用和第三阶段的成果展示。项目课程纵向梳理研究中国古代传统服饰图案的发展脉络，横向分析比较中国各民族服饰图案的典型特征，总结中国服饰图案的代表性艺术特征及装饰规律，使学员们构建立体的知识体系，并加以创新性应用设计实践。此次项目不仅注重课堂教学和研究，还特别注重学员的实践和调研能力培养，期间除组织学员在国家博物馆、故宫博物院、潘家园市场调研外，还远赴云南省的楚雄、巍山、大理、寻甸、昆明等州市的村落、博物馆、少数民族民间手工艺非遗项目所在地、研究机构和文创园区。让学员们了解云南少数民族的发展历史和服饰特征，理解民间手工艺发生、发展的文化基因，为学员们的研究和创作提供了必要的实物参照及创作灵感。同时，参培学员们也表示能够来到北京服装学院参加这样高水平的项目非常难得，此阶段学习收获颇丰，将受益终生。

团队成员

刘元风 项目学术指导

　　原北京服装学院院长，现任北京服装学院学术委员会主任，二级教授，博士研究生导师，享受国务院特殊津贴专家。兼任中国服装设计师协会副主席、中国纺织工程学会副会长、中国民族服饰研究会副会长、中国艺术研究院中国设计艺术院研究员、北京服装纺织行业协会副会长。多年来从事服装设计、时装画技法、服装设计教学与理论研究工作。

王群山 项目负责人

　　北京服装学院副教授。1991年毕业于中国纺织大学（现东华大学）服装设计专业；2013年12月获同济大学软件工程硕士学位。1991年至今在北京服装学院任教已26年。现任北京服装学院服装艺术与工程学院培训部主任。出版了《服装设计元素》《服装手绘效果图》《服装设计常用人体手册》《服装设计效果图技法》等多部教材与著作。获得北京市2008年教育教学成果奖；服装设计学、服装画技法获批北京市精品课程，获北京服装学院优秀教学成果一等奖。获批国家艺术基金2018年度艺术人才培养资助项目。完成其他科研项目多项，发表论文几十篇。荣获2011～2012年度北京服装学院教书育人二等奖，荣获2017年度"纺织之光"教师奖。

张　楠 项目执行负责人

　　1982年生于山东淄博，现任北京服装学院美术学院公共艺术系讲师。毕业于西安美术学院，并获学士和硕士学位。主要从事装饰艺术和公共艺术的研究与创作。荣获北京服装学院优秀教师、优秀党支部书记等称号。主要讲授的课程有：设计素描、设计色彩、平面构成、色彩构成、图案基础、时尚图形装饰基础等。多次举办个人作品展，作品曾被西安美术学院、中国蒲松龄纪念馆、吉林省图书馆等机构收藏。专业论文被多家核心期刊、EI检索收录。参与国内多地壁画、浮雕等公共艺术品创作。出版的专著《老青岛的洋建筑》获得国家专利两项。

王羿

北京服装学院副教授。毕业于中央工艺美术学院服装系，1992年至今任教于北京服装学院服装艺术与工程学院。从事服装设计与创新及民族服饰文化研究。主持北京市教委"中华民族服饰文化研究""创新人才培养模式"等科研项目。

担任精品课负责人，出版国家重点图书《黎族服饰手工艺研究》，2013年8月获北京市教育委员会批准的"2013北京高等学校优秀教学团队"的团队带头人，担任中国流行色协会理事、中国人才研究会服饰人才专业委员会副会长等职，曾任多项重大服装比赛评委。

李祖旺

1962年生于广西桂林市，毕业于清华大学美术学院（原中央工艺美术学院），并获中国艺术研究院研究生院美术学硕士结业。现为北京服装学院副教授，美术学院设计基础教学部主任，美术学硕士研究生导师。

作品曾在法国巴黎联合国教科文组织总部、日本文化学院服饰博物馆、日本东京龙画廊、广西桂林美术馆、广西壮族自治区博物馆、常州市刘海粟美术馆、山西大学美术馆、北京经典之地画廊、北京服装学院、中国美术馆等国家及地区举办个展或联展。并有作品在《装饰》《饰》《艺术设计研究》《美术观察》《东方艺术》《画坛部落》《藏画导刊》等专业杂志及专业报纸中发表。

出版著作《学步集：祖旺画册》《游梦：祖旺画集》《中国新文人画家学画日记》等个人专集、合集画册数十本，并有数万字艺术研究论文在《装饰》《饰》《美术观察》《艺术与设计》《美术界》等专业期刊中发表。

赵云川

北京服装学院教授，硕士研究生导师，艺术学学科带头人。毕业于中央工艺美院，并获硕士学位；毕业于中国艺术研究院，并获博士学位。曾为东京艺术大学、日本文化女子大学客座研究员。主要从事公共艺术创作、美术与设计理论研究。已出版专著和教材8部，发表论文81篇，主持教育部人文社会科学研究、北京市"拔尖创新人才"、北京市高创人才、北京市社科基金重点、北京市教委社科等多项科研项目。作品多次入选国家级大型展览，设计完成多项壁画工程，先后获"钱之光教育奖"、首批北京市属市管高校"拔尖创新人才"、首批北京市宣传文化系统"四个一批"人才、"纺织之光"教师奖等荣誉。现为教育部美术学专业教学指导委员会委员，中国美协会员，中国工业设计协会资深会员，中国建筑学会会员，中国工艺美术学会会员。

刘瑞璞

北京服装学院教授，博士研究生导师，设计艺术学学科带头人。研究方向为服装结构体系及其国际规制。我国传统服饰结构研究考据学派的专家，在服装社会学和结构数字化技术的交叉学科研究中成为TPO&PDS领域的开拓者。在服装语言学研究中建立了"中国男装TPO知识体系"，为我国服装高等教育和男装国际化品牌研发创建了男装理论体系。获第一届北京市高等学校教学名师奖。编著出版了国家出版基金项目《中华民族服饰结构图考》《清古典袍服结构与纹章规制研究》。主持基于"PDS & TDC（服装结构体系及国际规制）的TPO知识系统与服装结构设计数字化技术研究"的北京市学术创新团队。

授课专家团队

| Teaching Specialist Team |

授课专家	课　程　名　称
刘元风	中国传统图案的创新应用
刘瑞璞	The Dress Code知识系统与应用
赵云川	日本现代染织
	日本工艺美术的现代转型与可持续发展——关于传统与现代、传承与创新的问题
董瑞侠	十九大精神及习近平文艺工作系列讲话解读
王群山	图案学研究及应用设计
王 羿	民族风格服装服饰创新设计、中国少数民族服饰图案
张 楠	中国传统图案
李祖旺	当代语境下的服饰图形设计
肖 海	中国传统图案
赵 明	服装廓型的语言
王 阳	中国传统服饰图案的创新设计应用与实践
刘 卫	中国传统服饰图案创新应用与实践
孙雪飞	中国传统服饰图案创新应用与实践
包铭新	中西传统服饰文化比较
鲁 闽	时尚文化背景下的新中式设计风潮
张宝华	流动的传统——中国传统文化在现代服饰设计中的转化
郭 培	走向世界的中国高定
李超德	从母亲的艺术到时尚的艺术——传统工艺美术传承、创新与发展的再思考
赵连赏	略论中国古代官服与纹案的表现形式——以祭服、明代常服为例
钟漫天	传统服饰图案的文化内涵
严 勇	清代宫廷服饰制度及其文化内涵
孙建军	中国民间传统图案的文化意蕴
陆 军	纹学与纹史——以中国古陶瓷饰纹为例
王增业	轻松聊图案——有关于图案、风格的若干问题

授课教师简介

董瑞侠　北京服装学院思政部教授，北京市优秀教师，北京市优秀思想政治工作者，北京高校优秀党员，本学院党校特聘教师。曾获北京市高校"党在百姓心中"优秀宣讲员一等奖和北京市纪念建党90周年宣传活动先进工作者称号。

肖海　北京服装学院副教授，1990年毕业于湖北美术学院染织美术专业，同年于北京服装学院工艺美术系执教。教授课程有图案基础、构成基础、中外纹样、印花图案、色彩构成、室内纺织品设计。

赵明　北京服装学院副教授，硕士研究生导师。1991年毕业于广州美术学院服装设计专业，并获学士学位；2002年毕业于香港理工大学纺织与服装设计学院，并获硕士学位。作品多次在国内外展出，主要研究方向为传统民族服装结构的研究。曾出版《服装画技法》《美国经典服装立体裁剪完全教程》《日本女士成衣制板原理》等专著及译著。

王阳　毕业于德国哈勒艺术与设计大学的纺织品设计专业（五年本科硕士连读），并获学士学位和硕士学位。北京服装学院纺织品艺术设计教研室主任，拥有五年德国工作经验，兼任中科瑞登科技发展（北京）有限公司的设计顾问、深圳国际家居软装博览会的评审委员会会员、中国流行色协会会员、中国工艺美术协会会员。

刘卫　北京服装学院副教授，硕士研究生导师，女装设计学业导师，兼任致品生活（ZENITH LIFE）品牌服装的设计总监。主要研究服装艺术设计、服装板型设计、服装品牌策划与产品设计。曾荣获"兄弟杯""金剪奖"、联合国教科文组织发起的"21世纪设计"大赛等服装设计奖项；曾参与国家科技部项目两项、主持北京市纵向项目一项、企业研发类横向项目十余项。1998年，荣获联合国教科文组织"21世纪设计"大赛服装设计的最佳设计奖章。2009年，荣获CCTV《艾莱依·时尚中国》服装设计大赛的最佳团队服装设计师大奖。2012年，荣获年度BIFT-ITAA 国际联合研讨会设计作品金奖。2015年，荣获白洋淀（容城）国际服装文化节的最佳市场潜力奖。2017年，荣获北京时装周"优秀设计师奖"，以及第23届中国十佳时装设计师。

孙雪飞　清华大学美术学院艺术设计学硕士，第22届中国十佳时装设计师。拥有超过25年的纺织服装行业从业经历。2010年成立独立设计师品牌"飞梵逸爵"；2014年以来连续在"中国国际时装周"举办个人设计专场发布；多次主持大型企业、世界500强企业设计发布和产品研发项目，如恒天纤维集团、英特尔公司、汉能集团、中国民航等；主持诺基亚公司可穿戴服装研发项目；应邀代表中国设计师出席德国"亚太文化周"设计师作品展演；应邀参加奥地利文化部主办的"奥地利中国艺术"项目；应邀参加非物质文化遗产设计展；多次作为服饰文化专家出席纺织类非物质文化遗产传承创新研讨和交流活动；作为评委评审波兰OFF FASHION国际青年服装设计师大赛、BASIC服装设计大赛，CCTV中国化妆造型设计大赛等。2010年至今，主持学术期刊《艺术设计研究》的服饰文化栏目。

包铭新　东华大学教授、博士研究生导师。中国服装设计师协会执行理事、时装评论专业委员会副主任、上海服饰学会副秘书长兼学术部主任、国际纺织服装学会会员。

鲁闽　清华大学美术学院服装设计系教授，教育部主管的全国纺织服装职业教育教学指导委员会鞋服饰品及箱包专业指导委员会的副主任委员，文化部艺术形象设计专业委员会专家，北京市城市形象设计专家委员，北京纺织服装行业协会理事，以及北京工业大学、广西师范学院、北京联合大学和福建泉州师范学院的客座教授。

张宝华　清华大学美术学院副教授。在艺术创作方面，擅长吸取国画、版画等特点，通过印花、腐蚀、手绘等工艺相结合，以纺织面料为媒介进行面料艺术创作，并取得一定成绩。印花纺织品设计多次参加国内外设计大赛并获奖，如1997年中国纺织面料及花样设计大赛二等奖、1997年"中国当代艺术设计展"设计奖、2001年春季室内织物图案比赛铜奖以及2001年秋季室内织物图案比赛鼓励奖。2001年参加韩国大邱国际纺织设计比赛及国际交流展、韩国釜山国际纺织设计比赛及设计师邀请展，2002年参加印度国际纺织与服装设计大赛，2004年参加中国国际家用纺织品设计大奖赛"名师"作品展，2004年参加"从洛桑到北京"第三届纤维艺术双年展，2004年荣获"全国纺织品设计大赛暨理论研讨会"创意奖，2006年入围"2005中国设计业青年百人榜"，2009年荣获第四届"韩中日美"创意奖。在理论研究方面，主要有1999年安徽美术出版社出版的《图案基础技法》（第二章）、1999年中国纺织出版社出版的《现代室内纺织品艺术设计》（第三章）、正在出版中的由中国建筑工业出版社出版的《设计色彩》（合著），并在专业杂志发表数篇论文。

郭培　中国第一代服装设计师，也是中国最早的高级定制服装设计师。曾为许多出席重要场合的人士制作礼服，春节晚会90%以上的服装来自她的工作坊。兼任中国服装设计师协会理事，中国服装设计师协会艺术家委员会委员。连续三届荣获"中国国际服装服饰博览会"服装金奖；1995年荣获首届"中国十佳设计师"提名，并被日本《朝日新闻》评为"中国五佳设计师"之一。设计作品在澳大利亚博物馆展出并被收藏。1998年4月与百福来时装公司合作参加中国国际服装服饰博览会，获最佳设计、最佳工艺等五项金奖与一项银奖。其作品被收入《中国21世纪著名设计师》一书，成为当今中国服装界的代表人物之一。

　　李超德　中国美术家协会会员及中国美术家协会服装设计艺委会委员，教育部高校设计类专业指导委员会委员、中国流行色协会色彩教育委员会副主任、中国服装设计师协会副主席、亚洲时尚联合会中国委员会理事、中国美术学院设计学院客座教授、东华大学兼职教授及硕士研究生导师，苏州文艺评论家协会主席。曾经长期担任苏州大学艺术学院院长，苏州大学研究生院副院长。现任福州大学厦门工艺美术学院院长，苏州大学博物馆馆长、苏州大学艺术学院教授及博士研究生导师，苏州大学非物质文化遗产研究中心主任。

　　赵连赏　中国社会科学院历史研究所副研究员、中华文化促进会染织绣艺术中心副主任、中国明史学会理事。从事中国古代历史专门史服饰史的研究工作，主要著作有《霓裳·锦衣·礼道——中国古代服饰智道透析》（1995年），《中国古代服饰图典》（2007年）并获2009年云南省优秀图书二等奖。主要学术论文有《儒理思想与宋代服饰制度》（1995年）《古代服饰制度等级的主要标识》（2001年）《明代赐服与中日关系》（2005年）《明清官员的补服》（2006年）《明代官服文化》（2006年）《明代蓟州镇总兵官服等级考识——以戚继光为例》（2010年）《朱元璋对明代冕服制度的影响》（2011年）《明代赐赴琉球册封使及赐琉球国王礼服辨析》（2011年）《明代祭服略论》（2011年）等百余万字。目前承担课题有2013年度国家社科基金项目"明代服饰研究"，2013年中国社会科学院历史研究所的创新工程项目"历代帝王与百官服饰研究图谱"，2004年中华文化促进会项目"《二十四史》今注舆服分卷"主编。

　　钟漫天　中国服装集团公司秘书处秘书长，高级工艺美术师，中国童装博物馆馆长兼总策划。有40多年的服饰、旗袍、鞋品的收藏研究工作经验。编著有《中华鞋经》等多部著作。

严勇　故宫博物院研究员，故宫博物院宫廷部副主任，故宫博物院学术委员会委员，中国文物学会纺织文物专业委员会秘书长，中国博物馆协会服装博物馆专业委员会理事会副会长。

孙建军　中国艺术研究院工艺美术研究所所长，研究员，博士研究生导师。研究方向为中国民间美术文化学研究，擅长在艺术形象学研究的基础上，将中国民间美术放到民族历史文化和思维方式及表达方式的大背景中去考察，特别注重于民间美术与民俗文化、民间美术与戏曲文化、民间美术与宗教文化，以及民间美术与设计文化的研究，已主编和编写中国民间美术与民俗文化研究方面的著作多种，并发表论文数篇。在教学和研究的基础上，编写了第一部中国民间美术教材《中国民间美术》，比较全面系统地介绍和讲述了中国民间美术的科学概念、基本特征与分类，以及民间美术的主要品类、历史流传和艺术特色，对高校艺术专业学生及民间美术爱好者都有一定帮助，并在全国三十余所院校推广民间美术课程教学。另外，一部高等院校艺术专业民间美术教材《中国民间美术教程》（50万字），已于2005年12月由天津人民出版社出版。

陆军　《美术观察》编辑部主任，副研究员。1990年毕业于中央工艺美术学院装饰艺术系，并获学士学位；1994年结业于中国艺术研究院研究生部美术史论研究生课程班；2001年、2006年分别师从李纪贤、陈绶祥先生，先后以《宋代梅瓶研究》《中国古陶瓷饰纹发展史论纲》两篇论文通过中国艺术研究院研究生院美术学系毕业答辩，获硕士、博士学位。研究方向侧重于中国纹学、陶瓷史、书画史论，旁涉经史、小学、考据、文献目录学、现代考古学、雕塑史、中外工艺史、文化交流史。出版专著三部：《摩尔论艺》（2002年）《中国梅瓶研究》（2013年）《中国古陶瓷饰纹发展史论纲》（2013年）。

王增业　前网易公司设计总监，之物·民艺与设计研究中心创始人，纹漾实验室发起人，独立民艺观察者、民艺转化提倡者。

项目实施过程

开/班/仪/式

理 / 论 / 授 / 课

实/践/授/课

学员成果

阿牛阿呷

阿牛阿呷，诺苏公司创始人、彝族服饰传承人、彝族独立时装设计师，一直致力于挖掘和保护濒临消失的彝族传统服饰，搭建沟通民族文化精粹、商业市场与社区发展的桥梁。

- 2004年，启动跨越十余年的云桂川黔四省区彝族服饰深度调研之旅。
- 2006年7月~2010年3月，四川省凉山州彝学会副秘书长，参与编纂《中国彝族毕摩志》。
- 2012年3月~2017年2月，西昌市政协常委，递交《关于彝族服饰文化产业发展的建议》提案，与妇联共同完成西昌市彝族服饰文化产业园区规划。
- 2014年，创办凉山诺苏文化投资有限公司。
- 2015年，创作彝族服饰荣获凉山彝族国际火把节传统和现代民族服饰两项金奖。
- 2016年，受四川省妇联邀请代表凉山州参加在北京举办的"川针引线·巧手致富"四川妇女居家灵活就业成就暨传统手工艺术展。
- 2016年，设计创作彝族服饰荣获凉山州校服设计制作大赛一等奖。
- 2017年，联合楚雄彝族自治州博物馆创建中国彝族服饰文化研究所。
- 2017年，创作2018年春晚西昌分会场主持人和吉克隽逸演出服。
- 2017年，清华大学美术学院"非物质文化遗产传承人研培班"学员。
- 2017年，北京大学第一期木兰学院创业班学员。
- 2018年，国家艺术基金项目《中国传统服饰图案传承与创新应用设计人才培养》学员。
- 2018年，中国国际时装周"白云间"阿牛阿呷同名品牌发布会。

学习感悟

本人通过此次北京服装学院国家艺术基金项目的学习，使我认识到服饰传承与创新设计的重要意义。在设计中把传承与创新落到实处，要立足当代生活、时尚文化、服务社会等方面，增强了我对传统技艺和文化的兴趣热爱，激发了我的创新设计灵感，受益匪浅。

图 / 案 / 作 / 品

民族图案创新应用

服饰华章

中国传统服
饰图案传承
与创新

020

服 / 装 / 作 / 品

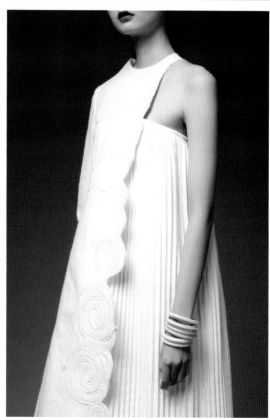

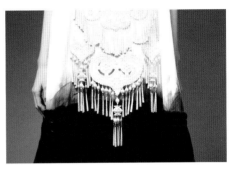

作 / 品 / 解 / 读

作品名称： 白云间

　　彝族古谚有云：彝人予羊生命，羊馈彝人温暖。
ꃰꀕꋜꑠꆏ，ꆈꌠꅉꒉꅉ；ꆈꌠꑟꆏꋜꑠꆏ，ꃰꀕꅉꒉꅉ。本系列作品以
"白云间"为主题，旨在抒写大山和羊群给予彝人的生
命馈赠。羊角纹是彝族文化里代表富足、祥和的吉图，
作品采用羊毛毡作为主要面料，配以不同表达风格的羊
角纹，将民族元素巧妙融入现代时尚中，用时尚语言解
读彝族服饰文化。

陈姣熹

1983年3月生，汉族。

- 2002年9月~2006年6月，北京服装学院，服装设计与工程专业，本科。

- 2007年9月~2008年6月，法国ESMOD国际服装设计学院，高级定制专业，本科。

- 2008年9月~2009年6月，法国ESMOD国际服装设计学院，创意立裁专业，硕士。

- 2010年1月~2011年6月，北京爱蒂生服装有限公司，高定线设计师。

- 2012年7月~2018年2月，北京东北虎皮草有限公司，设计师、高级板师。

- 2018年3月~2018年8月，北京藤薰定制，设计师、高级板师。

- 2018年9月至今，北京盖娅传说服饰设计有限公司，高级定制主管。

学习感悟

　　中国传统服饰图案是一门承载着历史和文化底蕴的艺术，很荣幸我能参加此次国家艺术基金项目的培训，更为深入地研究了中国传统服饰文化。非常感谢国家艺术基金项目和北京服装学院给了我这次学习培训的机会，同时也感谢各位老师的细心教导，我在这里所收获的一切，将会是我一生的财富，感恩相遇，中华艺术美学需要更多的人传承与创新。

图/案/作/品

混沌——龙

混沌——云肩

作 / 品 / 解 / 读

作品名称： 混沌

　　作品以黑白渐变水墨风格为主，黑白分别代表阴阳两极，展现了阴阳交融混沌初开的状态。图案以中国传统上古神兽青龙为主，配合祥云如意装饰。面料采用真丝绡缎和真丝雪纺，既有立体硬朗的造型，又有轻柔飘逸的裙摆，两种状态相互融合，刚中有柔。

丁雅琼

北京服装学院服装与服饰设计专业教师。

先后留学英国、美国，获MFA硕士学位，曾任职于法国高定协会会员企业。擅于运用中国传统元素并将其注入西式剪裁。

学习感悟

回想这一段时间的学习，多名教育名家给我们带来了深厚的文化知识体系和思想的启迪。通过这个项目，我学习到了许多新知识、新理念，获益匪浅、感受颇深。对于以后的教学工作有了更扎实的知识体系和逻辑，对于以后的科研工作更是有了清晰的方向和目标。感谢国家艺术基金，感谢王群山等给我们讲授和指导的老师们。

图 / 案 / 作 / 品

张馨化

毕业于湖北工程学院艺术设计专业，曾就职于郭培创办的玫瑰坊高级定制服装设计公司，担任图案设计师。获得深圳大学生运动会扎染设计三等奖。

学习感悟

非常感恩这次的学习机会，通过国内顶尖教授和设计师的系统授课，我对于传统图案的运用有了新的认识。事实证明只有不断地学习才有进步的空间，经过这次学习，我在眼界和知识层面都有了很大的提高。当然理论知识学习后还要将其运用到实践中，这种理论实践相结合的学习方式极高地锻炼了学员的创造性，这对于我今后的工作、学习受益匪浅。

服 / 装 / 作 / 品

作 / 品 / 解 / 读

设 计 师： 丁雅琼、张馨化

设计主题： 宋雅　春江晚景系列

服装图案元素取自：

《惠崇春江晚景》 宋·苏轼

竹外桃花三两枝，春江水暖鸭先知。

蒌蒿满地芦芽短，正是河豚欲上时。

服装色彩元素取自：

汝瓷——天青、天蓝

色雅，宋以淡为肖。"焚金饰，简衣纹"

创作思路：

　　本系列服装在图案设计方面以苏轼的"竹外桃花三两枝，春江水暖鸭先知"为元素来进行系列设计。

　　第一套运用了装饰的手法来设计服装的图案效果，将长短平均的针管和小珍珠有序地组合起来，展现出了竹节的质感。用接近面料色彩的塑料幻彩薄片展现出竹叶的效果，将粉色的桃花点缀在竹叶周围。整体的服装展现出清新淡雅的感觉，既符合宋朝的审美文化又适合现代女性的日常穿着。

　　这个系列在面料方面选择了轻薄的材质来体现宋的清逸雅致，在实际穿着中展现出穿着者的潇洒风度，在夏季也不会有闷热厚重之感。

　　第二套以线条流畅的江水来展现服装的潇洒灵动之感，前中的三足鸦既呼应了诗中的"鸭先知"，又在中国古代被称作金乌神鸦，并以传统祥云围绕寓意吉祥。

　　在工艺制作方面采用了中国传统的盘金手法。盘金绣源于宫廷，早在唐宋时期便已流行，它的材质是以黄金锤箔、捻线而成的纯金线来制作。采用盘金的手法来表现图案是为了突出水纹的灵动波光之感，淡雅的银色则表达出一种纯净简洁之感。

服饰华章

中国传统服
饰图案传承
与创新

032

服/装/作/品

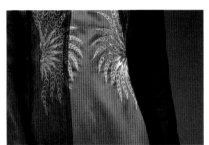

作 / 品 / 解 / 读

设 计 师：丁雅琼　张馨化

设计主题：楚风　鸾鸟迎宓妃系列

服装图案元素取自：

《远游》 楚·屈原

祝融戒而还衡兮，腾告鸾鸟迎宓妃。

服装色彩元素取自：

《周礼·染人》注"玄·者，天地之色"。楚国尚火，崇拜火神祝融，火为红色。宓妃为水神，水为黑。

创作思路：

本设计是以"祝融戒而还衡兮，腾告鸾鸟迎宓妃"为元素来进行系列服装设计的。楚国尚火，图腾为凤。首先在面料色彩的运用上以红色为主代表了祝融，黑色为辅代表了宓妃，红、黑色搭配寓意天地相合。服装的图案色彩以鸾鸟的羽翅和凤尾为设计元素，凤为金，寓意涅槃重生。将楚国的传统色彩文化元素与现代时装相结合的目的是希望现代人在穿着时尚潮流服饰的同时，能够接受和了解中国传统文化在服装上所展现出来的深厚底蕴。

第一套图案以鸾鸟的翅羽为设计元素，线条纤细优长、疏密结合。从视觉上看是将上身延展开来，图案的位置放置在腰间起到了收腰窄腹的效果。

在工艺制作方面采用了非遗中的"京绣"。京绣又称宫绣，多用于宫廷服饰，技术精湛。在绣法上运用了捻金、打籽和平针绣。服装的边沿用金牙子来装饰，既表达了楚国的富饶，又体现了现代服装精细的工艺水平。

第二套运用了楚时期的刺绣针法——锁绣。在图案的运用上以凤尾为设计元素，再在传统楚凤的形态上加以改良，使图案具有优美的律动性，与现代服装的结合更自然、时尚。干练之中体现出女性的柔美之感。

郭霄霄

1987年生，祖籍河南漯河，2013年毕业于北京服装学院服装设计与品牌管理专业，并获文学硕士。现任东莞职业技术学院服装与服饰设计专业讲师。曾获2014/2015"濮院毛衫杯"中国毛针织服装文化创意设计大赛金奖；2014、2016年度"广东省新锐设计师""工业系统技术创新能手"；2015柯桥时装周暨深圳时装周走进中国轻纺城获"柯桥时尚周艺术价值奖"；第七届中国高校美术作品学年展一等奖；2016"我们·映像"盛典暨深圳市服装行业协会年会"游走的梦想"作品发布。

学习感悟

非常幸运能够参与到此次国家艺术基金"传统服饰图案人才培养"项目。项目聘请了26位国内一线知名的专家、教授、学者以及设计师，给我们带来了非常多的引导和启发。培训的内容丰富且极具深度和广度，以传统服饰图案为"主线"，老师们不仅梳理了传统图案的形式美，也讲述了传统图案的现代化创作及演进方式。同时，中国传统青铜器文化、陶瓷文化、玉石文化、日本的纺织品、中国少数民族的服饰文化等内容都出现在我们的培训项目中，拓宽了服装设计创作的思维。此外，在项目进行过程中，王群山和张楠两位项目负责老师尽职尽责，基本上全程陪伴我们一起采风、一起完成每节课的课程学习；所有摄影、后勤的工作人员也都恪尽职守、兢兢业业，每每回想起来令人感动。

图/案/作/品

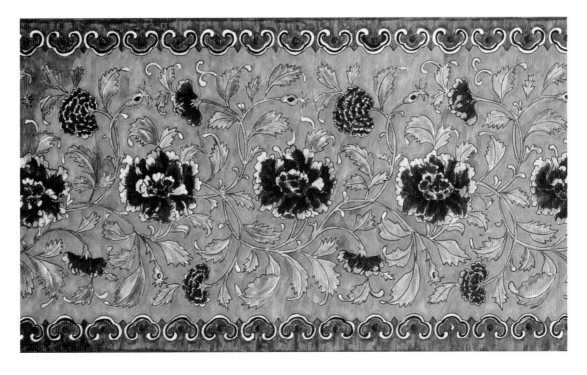

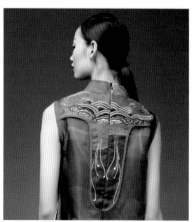

作 / 品 / 解 / 读

作品名称： 水墨～雲*川

设计思路：

　　中国传统水墨代表着中国风格的气韵之美。设计作品主要以中国水墨的大写意为主线，融入的设计灵感元素包括中国传统的云纹、团花、窗花等，将图案通过"黑、白、灰"的水墨色调表现出来，并通过现代刺绣和数码印花技术来展现传统服饰图案的时尚感、空间感和流动性。

创作手法：

　　传统图案与现代服饰的结合并非简单的复制和描摹、抑或程式化的"加减乘除"。设计者汲古博今，从传统服饰图案的内容、形式、结构到表现手法都进行了现代化、时尚化的解读、延伸和拓展。在创作中，将数码印花和刺绣工艺两者相结合、融合和碰撞。譬如，在略显厚重的抓绒面料上刺绣云纹图案，工整、严谨、写实地映照了欧根纱面料上水墨山水印花的"虚空""缥缈"。重与轻、厚与薄、实与虚的对比再现了"虚实相生"审美哲学之思。

何 莎

1987年4月生，土家族。

- 2012年毕业于大连工业大学服装学院民族服饰创
  新设计方向；

- 2012年至今长沙民政学院服装专任教师；

- 现主要研究方向为中国传统民族服饰创新设计
  研究。

学习感悟

    传统服饰图案是传统文化根基的标识，是在自然万
物的滋养下产生和发展的，其中蕴藏着深厚的文化、情感
与思想。通过培训梳理了传统服饰图案知识、传统图案设
计及应用的研究方法，考察了博物馆、市场、少数民族聚
居地，以及聆听了企业、行业专家在传统图案的当代转换
应用实践中的经验。整个课程立体、丰富，从再设计出
发，通过大量的理论输入和实践输出，看到了自己的不
足，也打开了思维上的新视角、转换了观念，使得自己在
迷茫摸索中更进了一步。

图/案/作/品

服/装/作/品

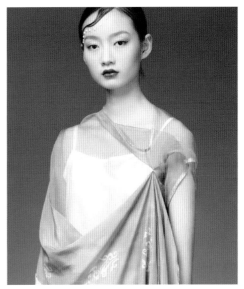

作 / 品 / 解 / 读

作品名称：重阳

　　寒露时节，借敬老之期，重阳登高赏菊，闻草木之气息，忆古楚文化，糊染楚汉茱萸纹，避灾，长寿。仰望天地，感受泥土的色彩，阳光洒落其中，动物、植物以最自然的方式呈现。面料自然垂坠，在万物中若隐若现、灵动地摇摆。

黄 娟

1978年12月生，土家族，湖南湘西保靖县人，毕业于湖南师范大学艺术设计专业，现为湘西民族职业技术学院民族艺术系服装专业教师，副教授，研究方向是湘西苗绣在服装上的运用。先后两次于北京服装学院和江南大学参加国家文化部、教育部组织的"中国非物质文化遗产传承人群研修班"及湖南工艺美术职业学院主办的"成衣立体裁剪专业技能培训"，在学习中不断提高自己的思想境界与设计意识，更加明确研究方向。个人作品多次获奖，2016年9月服装刺绣作品《雀之梦想，龙行天下》参加湖南省工艺美术品大奖赛获"银奖"；2016年11月刺绣作品《吉祥兽》参加湘西州"指尖上的湘西"——民族文化创意技能大赛苗绣组获"一等奖"。

学习感悟

很荣幸再次来到北京服装学院参加国家艺术基金项目"中国传统服饰图案传承与创新应用设计人才培养"的学习，非常感谢王群山老师、张楠老师给我这次学习的机会，感谢所有工作人员和授课专家教授。这次的学习安排很合理，有集中授课、专题讲座、专业考察及创作实践，通过理论和实践有机结合，自己对中国传统服饰图案有了更系统、更新的认识。学习中专家教授给予的信息量太强大了，不但开阔了视野，还提高了设计传承与创新意识，对自己的研究方向有很大的帮助。始终相信机遇与幸运往往垂青于用心学习的人。

图 / 案 / 作 / 品

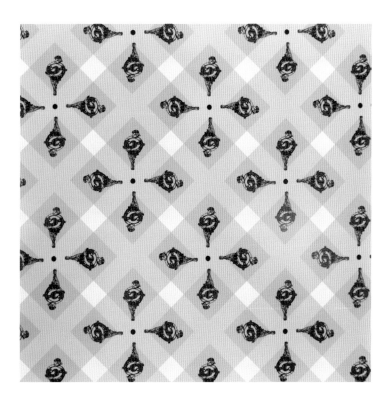

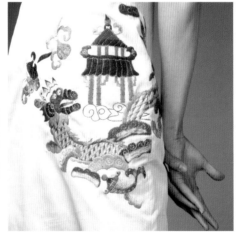

元素以湘西苗龙为主，包含暗八仙法器、蝴蝶、如意云头等。工艺上使用传统苗绣针法：平针、掺针、捆针、绕针、编织针，并结合羊毛毡新型手法。

元素以如意云头为主，包含了荷花、暗八仙法器、蝴蝶等。工艺上运用传统苗绣针法：平针、掺针、捆针、绕针。

以鲤跃龙门为主题，元素有鲤鱼、娃娃鱼、如意云头、龙门等。工艺上运用传统苗绣针法：平针、掺针、捆针、绕针、编织针，并结合羊毛毡新型手法。

作 / 品 / 解 / 读

作品名称：跃龙门

　　湘西苗族是古老的苗族支系之一，地处湖南的西部，是一支深受楚汉文化影响的、且具有自己特色的民族。本次设计的灵感源于湘西苗族帐沿上的传统图案，跃龙门及鲤跃龙门图腾象征着苗族人民对理想生活的向往！

　　对于没有文字的苗族，是美丽的苗绣图案在一针一线中将作者的心与湘西苗族人民的心连在了一起。湘西苗族图腾给作者带来了无限灵感，将湘西苗族帐沿上的鲤跃龙门图腾进行打散与重组，合理运用服装廓型，巧妙地将民族图案与之相融合，大胆改变湘西苗绣传统配色及构图方式，采用传统手工刺绣针法和羊毛毡艺术表现方式，灵活地将苗绣图腾合理运用在服装中，继而在传承中创新。

黎振亚

黎振亚，毕业于中国纺织大学（现东华大学）服装
与艺术设计学院，有多年的服装企业工作经历，现工作于
桂林理工大学艺术学院，主讲服装结构设计、服装工艺、
服装CAD、服装染织与手工艺等服装专业课程。

学习感悟

参加国家艺术基金项目"中国传统服饰图案传承与
创新应用设计人才培养"的学习，是十分幸运与幸福的。
老师的博学多才，同学的亲密互助，都使自己在开拓视
野、收获知识、启迪思维、提升能力的同时，也收获了满
满的快乐和情谊……

图 / 案 / 作 / 品

服饰华章

中国传统服
饰图案传承
与创新

048

服 / 装 / 作 / 品

作 / 品 / 解 / 读

作品名称：雁回

　　中国传统服饰图案有着经典的装饰之美，寓意吉祥美好，文化内涵丰富。服装作品《雁回》提取了传统的、深受人们喜爱的大雁纹样，选用天然材质的纯真丝面料，继承了传统的灰缬和植物染工艺，并运用现代服装的设计语言进行演绎，传递了崇尚自然、关注情感、延续文化意蕴的理念与生活方式。

李 楠

清华大学博士，首尔大学博士后，现任中国传媒大学副教授、硕士生导师，中国电影博物馆论证专家，内蒙古大学兼职硕士导师，英国昶林集团高级时装设计顾问，中国服装设计师协会会员，在韩中国访问学者联谊会宣传主任委员，法国巴黎国际艺术城、首尔大学访问学者。

近年来主持多项省部级课题和企事业单位横向课题，发表学术论文90余篇，出版中文专著5部。曾获国际晚礼服、婚纱设计大奖赛金奖，中国国际青年设计师时装作品大赛金奖，中国服装设计最高奖评选银奖。

主要研究领域为服饰传播研究、中西方服饰文化比较、设计艺术历史与理论研究。

学习感悟

重返课堂，北服数月，我得以徜徉图海开拓新知。收获的过程忙忙碌碌，但俯瞰此次服饰图案创新之行，我学会了更加专注、更具沉淀，也在实践中不断内省，自我发现。相信日夜向前，自不负芳华。

图/案/作/品

服饰华章
中国传统服
饰图案传承
与创新

052

服/装/作/品

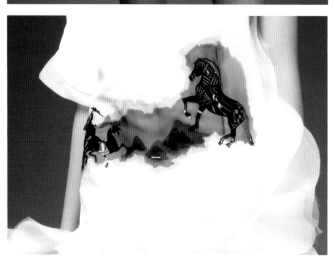

作 / 品 / 解 / 读

作品名称：驿站

    该作品以丝路古道文明交流互鉴定的印证——驿站，作为服饰图案创新设计的主题，同时关注游牧民族"珍惜用料""巧借衣制""尊重匠心"的衣饰性格。迁徙与游牧兼具的选题启发了此次设计，丝路先民最初的衣文化就是从这牧行迁徙的历史宿命开始的，这一点区别于以华服工艺象征权贵等级的中原民族。基本用料重质坚实，简明的色彩显得醒目斑斓，表面图案跳跃而热烈，单纯的线条构成有力的外形，不求过分雕镂、过分装饰，但自有一番宣泄生命之奇的特有力量。

李晓璞

璞兰芳高级定制的创始人。在服装这条路上一走就是20年。着迷于高级定制那无可挑剔的精美，却又崇尚返璞归真的设计，展现衣服最本质的价值。为了实现梦想而努力拼搏，从不放弃任何一个机会，自从投入深爱的服装艺术创作以来，始终如一，热忱地做好每一个细节，时刻准备迎接新的挑战。

学习感悟

学习可以明智，在长时间的工作中能停下脚步得到一个宝贵的学习机会，感到非常幸运。通过在国家艺术基金的支持下，可以听众多业内顶级教授和专家教授中国传统服饰文化的课程，实乃不可多得的机会。通过这次学习，让自己重新梳理了对传统服饰文化的研究和发展认识，未来会更努力地去用我们丰富多彩的民族服饰图案文化创作更多的和国际接轨的作品！

图/案/作/品

作/品/解/读

作品名称：璞兰花开

　　幽悬兰草，遇净土而生，不因无人而不芳，气若兰兮长不改，心若兰兮终不移，而安自芬芳。璞兰芳玉兰·花礼服系列，素雅的底布上片片花瓣吐兰香，刺绣，蕾丝，薄纱，古典美里又富含着时尚，温温婉婉，沉沉静静，一树玉骨兰香，不负春光，不负卿。

刘晓蓉

云南民族大学副教授，硕士研究生导师。毕业于西南大学美术学院。主要从事云南民族图案，云南民族民间纺织及服饰文化的研究和教学工作。为联合国教科文组织传统手工艺复兴与发展推广人；教育部人文社会科学专家库专家；清华大学美术学院访问学者；云南省教育科研专家库专家；云南省高等学校卓越青年教师。

先后主持国家社科基金、美国福特基金、美国麦克阿瑟基金、云南省社科基金、柒牌非物质文化遗产研究与保护基金等基金项目。担任国家重点文化工程图书《中国工艺美术全集·云南卷·染织·刺绣·服饰篇》的执行主编和撰写工作，主要学术专著为《云南特色文化产业丛书·刺绣卷》，发表了十余篇学术论文，作品曾在全国专业大赛中获奖，多件作品参展"亚洲纤维艺术作品展""全国纺织品设计大赛展"等展览。受邀策展"2017中国纺织非物质文化遗产展"（上海国家会展中心）。

学习感悟

2018年7～8月，有幸参与国家艺术基金项目"中国传统服饰图案传承与创新应用设计人才培养"，在北京服装学院重新体验学生时代纯粹、快乐的学习生活。精心的策划安排，大师、名师们精彩的传道授业，同窗的深厚友谊，都令自己收获满满，受益终身。

图/案/作/品

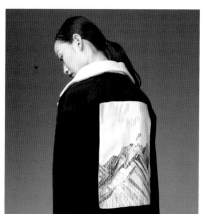

作 / 品 / 解 / 读

作品名称：在场

　　"男耕女织"在中国千年的历史中，始终是自给自足的自然经济的典型图景。社会发展至今，虽然人们的生活行为方式与过去有所不同，但"传统"始终贯穿于人们的衣食住行中，从未远离。该作品将云南楚雄彝族纳苏支系男子肚兜上的花卉、万字等传统纹样重组，使用在现代的服装款式上，强调传统的在场性。

刘重嵘

武汉纺织大学服装学院副教授，研究方向为传统服饰文化与产品设计开发研究。主持过省级以上科研项目三项，参与国家级科研项目三项，出版《服装造型表现》等系列教材两本，发表论文和设计作品二十余篇，其中专业核心论文六篇。通过与省内外纺织非遗传承人群开展交流活动，运用其传统技艺创新设计作品，如西兰卡普包包系列、阳新布贴服饰系列、手工挑花童装系列等，多次参加由中国纺织工业联合会、中国服装设计师协会、中国流行色协会等单位组织的省级及全国范围的艺术设计作品展览并获奖。

学习感悟

此次传统服饰图案项目的跟进学习，白天聆听二百多次专家学者的精彩讲座，晚上图案设计实践，加上对彝族、苗族、白族传统服饰文化深入村落的考察，让我们的专业理论与专业实践能力都得到较为深入的提升，对以后教学、教研及科研等方面都有所促进。感谢此次项目中北京服装学院老师们的辛苦付出及国家艺术基金委的投入！

图/案/作/品

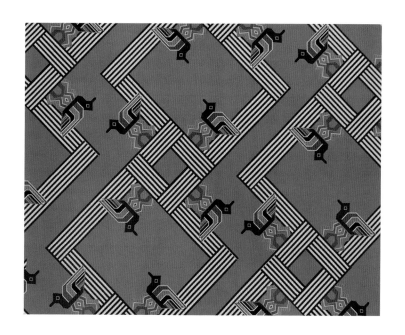

服/装/作/品

作 / 品 / 解 / 读

作品名称： 护·福

　　此次创作的亲子装作品《护·福》灵感来源于爱的传承，采用真丝缎、欧根纱面料结合手工贴布绣、刺绣等技艺，通过蝙蝠与立体花卉、几何图案的设计创新，寓意亲人间用心相伴相护，则"福"分将至。因之关乎人成长之初最需要的那份关爱与引导，关乎家庭幸福，关乎社会安定。作品以清雅的淡蓝与稳重的普兰色调为主，烘托如润雨细无声般的爱的主题，打造出赋予传统文化内涵的家庭文化装风格。

吕　珊

2015年9月至今在闽南理工学院服装与艺术设计学院服装设计系担任专职教师，比较擅长手工印染（扎染、蜡染、丝网印）、纹样设计和色彩搭配、电脑软件制图、手工编织（棒针、钩针、编绳工艺）。工作期间承担过电脑时装画、计算机辅助设计（Photoshop/CorelDRAW两种软件）、服饰图案、服饰手工艺、服装配饰设计、扎染设计、纺织纹样史、家纺设计与创意表达、家纺配套设计等课程的教学。

学习感悟

我在本次项目中受益匪浅，主要有以下几点：（1）通过培训我有幸见到了许多在服饰设计与传统图案设计领域颇有建树的大师，从他们的授课中学到了很多，使得自身专业的修养得到了提高。（2）班上的每一位同学都很优秀，在相互沟通、交流中，每个人都让我获益良多，又潜移默化地使所学习到的知识得以提升。（3）北京服装学院的老师们认真、负责、细心的做事态度让我深受感动，也激励我应该以北服的标准时刻严格要求自己，用心做好一名大学老师。

感恩相遇，感谢每一位老师为我们的辛勤付出，感谢国家艺术基金对我们的重视和关怀。

图 / 案 / 作 / 品

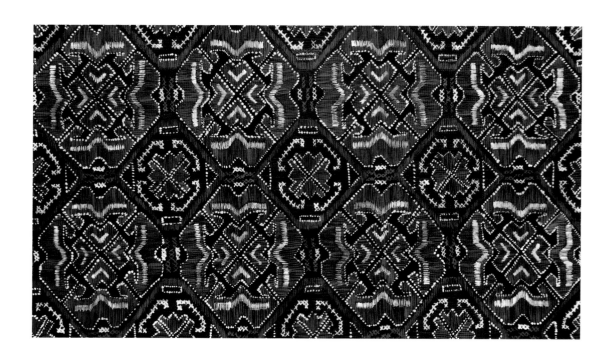

服/装/作/品

作 / 品 / 解 / 读

作品名称：流年

    本次服装设计灵感来源于中国传统服饰中的经典：鱼鳞百褶裙。鱼鳞百褶裙用数幅布料制作，周身捏褶逾百，每道褶裥宽窄相同，在褶裥之间以丝线交叉串联，固定褶裥造型，走起路来裙褶呈鱼鳞片的形状，若隐若现很能体现我国古代女性的含蓄之美。编织工艺所展现的既平面又立体的肌理效果，可以很好地体现鱼鳞百褶裙的特点。

    为了向传统服饰中的精致手工艺致敬，全部采用手工编织（钩针和绳编）的工艺进行制作，服饰上的每一针、每一个编结都由作者亲手完成。

潘淘洁

水族，贵州民族大学美术学院民间美术系副教授，致力于西南地区少数民族传统染织绣工艺文化的发掘、搜集、整理、研究工作，同时结合设计艺术学和相关教学实践及文创产品的设计研发，力图使传统工艺美术融入现代生活美学。

学习感悟

传统服饰图案是一片浩瀚的海洋，项目组为我们安排的老师都是与服饰相关的各领域大咖，从新石器时代的彩陶到今年的法国高定、从"纹饰"的字意溯源到各少数民族奇特的服饰民俗，为我们纵横交错地梳理出了一张大网，领略这片海洋的丰富与精彩，深感自身所知不过沧海一粟。同时，作为一名教师，培训期间各位大家的教学方法和课程设计思路也让我获益良多。感谢国家艺术基金和北服项目组老师们的辛劳付出，希望以后还有这么好的学习机会！

图/案/作/品

服 / 装 / 作 / 品

作 / 品 / 解 / 读

作品名称：浪迹

水浪看似自由却暗含规律，自原始时期彩陶开始，波浪纹始终是各地区各时代最常用
的纹样之一。这件作品采用多种手法的蜡染工艺，描绘不同肌理的水浪效果，并通过手工
植物染色表达丰富的层次感，在精细与粗犷的对比之中表现水浪的痕迹。材料上采用真丝
双宫缎、真丝平纹缎，染材为皂斗。

作 / 品 / 解 / 读

作品名称： 彩陶印象

　　原始时期的彩陶纹样简洁神秘、极具张力，本作品试图用两种面料材质的对比表达彩陶纹样的大气流畅与粗粝神秘。材料上采用真丝欧根纱、真丝平纹缎，染材为靛蓝、核桃皮。

潘 彤

汉族，中共党员，副教授。毕业于吉林艺术学院美术系染织服装专业，后攻读北京服装学院在职硕士和中国人民大学美学硕士。现就职于吉林工程技术师范学院服装工程学院，担任服装设计及教学学科开发研究工作。1991年获得上海小机灵杯时装绘画比赛一等奖，在校期间获得首届美开乐纸样大赛二等奖。1998年出版基础美术技法金版系列丛书《现代时装设计技法实例》，2001年出版《盛世华服纸样设计与裁剪》专业设计制板书籍，2008年出版《中央美院名家作品集》并获政府奖。2001年指导学生参加全国院校师生服装设计大赛中分获二、三、四等奖；2014年指导学生创业产业研究实战项目（组建服装公司MY QUEEN）并顺利落地对接；2015年指导毕业学生参加"石狮杯"全国高校毕业生服装设计大赛，男装获优秀奖。

学习感悟

非常荣幸能参加由北京服装学院承担的国家艺术基金项目的培训活动，在学习、考察及实践过程中感悟颇深，千言万语也无法表达对这次学习的敬畏与热爱。今后将以此次里程碑为学习新起点，向更高的学术领域探索研究，时刻丰富自己，创作出更多更好的带有中国传统文化的原创设计作品，争取早日完成时装发布会首秀，同时再一次感谢北京服装学院国家艺术基金项目"中国传统服饰图案传承与创新应用设计人才培养"的项目团队。

服 / 装 / 作 / 品

作 / 品 / 解 / 读

作品名称：吉祥如意

　　原创设计作品《吉祥如意》，灵感来自于中国传统文化中佛教、道教所包含的中国审美的借鉴与继承，作品以满族传统的礼服式样为载体进行创新与开发设计，整体设计特征涵盖满族礼服的特点，兼容吸收汉族的美学思想。在创作过程中，从构思到完成细节，每个环节都倾注了对"吉祥如意"美学思想的借鉴与继承，以及对吉祥色彩的应用组合和对"福"字深刻含义的理解。工艺细节与结构造型采用最先进的立裁板型与刺绣工艺烫钻的结合运用，使作品突出表达繁缛富丽与庄严肃穆中的审美情趣，再现作品美好设计愿望的丰富内涵及艺术思想。同时，也体现出新时代极为丰富与深刻的创作美学精神与独特的艺术感染力。

斯琴毕力格

1982年2月6日出生于牧民家庭。2017年12月自愿加入中国共产党，担任新巴尔虎左旗第十三届委员会委员。国家级"蒙古族服装制作"技能考评员。内蒙古自治区民族服饰协会会员，新巴尔虎左旗巴尔虎民族服饰协会秘书长。新巴尔虎左旗诺敏厚德职业培训学校校长。2013年荣获"嘎查级三八红旗手"荣誉称号。2014年6月17日参加第十一届中国蒙古族服装服饰艺术节暨蒙古族服装服饰大赛，分别荣获"现代蒙古族服装服饰团队表演三等奖"和"传统蒙古族服装设计制作三等奖"。2016年6月在呼伦贝尔市"中俄蒙国际服装服饰艺术节暨呼伦贝尔少数民族服装服饰大赛"中荣获"传统蒙古族服装三等奖"。2016年6月在呼伦贝尔市"2016呼伦贝尔博乐歌"旅游商品大赛工业品类中荣获优秀奖。

2016年7月在呼和浩特市举办的"第十三届中国蒙古族服装服饰艺术节暨蒙古族服装服饰大赛"中荣获"蒙古族行业服饰三等奖"。2017年3月荣获呼伦贝尔市"妇女创业就业先进个人"荣誉称号。

2017年6月参加由呼伦贝尔市妇女联合会和呼伦贝尔市人力资源和社会保障局联合举办的呼伦贝尔市第二届"赛罕杯"妇女手工制品展示大赛，荣获"铜奖"及呼伦贝尔市"技术能手"荣誉称号。2017年6月参加由新巴尔虎左旗文化馆举办的"最美非遗人"主题活动，荣获"最美非遗人"称号。2017年12月荣获"新巴尔虎左旗级劳动致富模范青年"荣誉称号。

学习感悟

北京的夏天虽然炎热，但短暂的学习旅程让我感受到了心灵与目光的温暖，以及精神的享受和美好的理想思路，也对我今后的工作生涯有了很大的引领，受益匪浅。感谢本次国家艺术基金项目的所有组织人员以及培训当中的所有授课教授、名家老师们！作为一名热爱巴尔虎传统服装服饰文化的新时代巴尔虎年轻党员，将继续努力挖掘和传承巴尔虎传统服装服饰文化，努力探索发展巴尔虎传统服装服饰文化。珍惜中华民族文化瑰宝，自愿为其奉献青春、奋斗终生。

图/案/作/品

服饰华章

中国传统服
饰图案传承
与创新

080

服 / 装 / 作 / 品

作 / 品 / 解 / 读

作品名称： 蒙古丽金高娃

　　该蒙古族婚礼盛服是以突出巴尔虎女性柔美、刚毅、优雅宜人的特点为主题。以红色为主，表现出草原上朝阳升起般的美景，象征新的一天；以结合传统蒙古族服饰的古典美与蒙古族民族花纹为辅助设计。女性的肩部、胸部、腰肢是凹凸显现身体最美的"三大部位"，所以在设计与制作过程中以这"三点"为主要的设计方向，以肢体呈现服饰的角度体现出巴尔虎女性的风情万种。

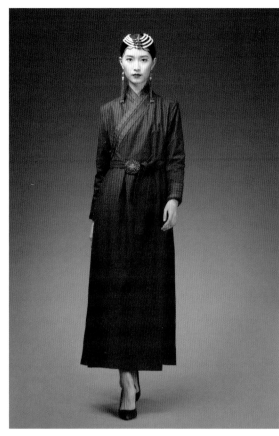

作 / 品 / 解 / 读

作品名称： 巴尔虎金高娃

　　该蒙古族服饰是以自然清新、优雅宜人、时尚潮流为设计主题；以突出女性柔美、刚毅、多变的造型感为设计理念。服饰以净色、纯色为主，结合了传统蒙古族服饰的古典美与现代蒙古族服饰的时尚、优雅、大方等特色，相信能带给广大爱慕民族风服饰的佳人一种舒适大方的气质。

唐亚男

拉贝碧、纳兰说品牌创始人兼CEO。

学习感悟

感谢国家艺术基金和北京服装学院给予的这次学习机会，与其说是机会，不如说是机遇。有幸平生找到依赖，得到众多大师的指引及扶持，既纯真、又纯粹地溯源而上，探寻东方美学千年文化的源头；既专心、又专业地顺流而下，解读现代文明时代潮流的密码。更结识了一群同样青春飞扬，心怀远方愿景，专注当下使命，同心同往的芳谊师友。我想这些都是未来日子里，闪光灵感的所在，不仅是闪烁黑夜的星光，还是闪耀生命的如歌行板。传统之美，是每个人心灵深处可体验之美。创新之美，是心灵深处的美向新时代和新世界最真挚的表达，蕴含于现代生活与艺术的细节之中。一切真与善，都是为了了不起的美，同时美得了不起。我愿前行，矢志不渝，诸君共勉，共写传奇。

图 / 案 / 作 / 品

服 / 装 / 作 / 品

作 / 品 / 解 / 读

作品名称： 霸王·别姬

    该作品是以轻柔纱料的记忆来重新构建古典戏曲的形式，浓重的色彩象征更是传统给予我们的强烈印象。并借用了吊染和烧炙的痕迹来诠释传统京剧曲目《霸王别姬》的哀伤剧情。所有这些现代的设计元素，深入融会到传统的记忆中，成就设计师眼中的中华国粹的精彩。

王美京

独立设计师

品牌公司设计总监

学习感悟

　　感谢国家和老师们提供的这次学习机会，让我对中国传统图案有了更深层次的、多角度的认识。在之后的设计创新中，创作作品会更有依据和指导性，以充分表达设计之美，中式之美。

图 / 案 / 作 / 品

服 / 装 / 作 / 品

作 / 品 / 解 / 读

作品名称：闲愁

此组服装灵感来源于宋词，李清照的《一剪梅·红藕香残玉簟秋》。

红藕香残玉簟秋。轻解罗裳，独上兰舟。云中谁寄锦书来，雁字回时，月满西楼。

花自飘零水自流。一种相思，两处闲愁。此情无计可消除，才下眉头，却上心头。

用不同层次的蓝及流水形式地拼接，表达出词中的意境。流水上面又零星地缝了些蝙蝠结，恰似花瓣的飘零。整套衣服中细密的倒三针表现出无尽的愁思。把传统的拼布技艺与图案相融合，突显出中式服装的整体韵味和灵魂。

王若玉

1999年~2003年在河南省教育报刊社任编辑。

2004年~2014年任河南国脉文化发展中心主任。

2015年至今任河南省国脉文化遗产传承保护中心主任兼任
　　　河南省国脉文化产业园有限公司国脉传习馆馆长。

2015年任郑州女子书画家协会副会长。

2016年任郑州女企业家协会理事。

2017年任全国妇女手工编织协会理事。

2018年创办河南省手工协会，任会长。

学习感悟

　　此次人才培养项目，师资云集国内行业专家，他们用高屋建瓴的理论和丰富的教学经验，以及大量的历史图文资料和珍贵的田野调查成果向学员们系统地讲解中国传统图案如何在服饰的造型、工艺、面料、款式上传承创新，引导学员如何利用现代科学技术来结合当代艺术审美，然后运用中国精湛的工匠技艺达到中西结合、古韵新奏、交融发展的目的。通过紧张和高强度的学习，大家也迅速掌握了传统图案如何在传承中创新，如何运用底蕴丰厚的中国传统图案进行创造性转化，从而活化出超时代的中国元素。短短的两个月不仅夯实了学员的基础，提高了水平，开阔了视野，放大了格局，也使学员的设计理念和风格与时代接轨，与国际同步。

图/案/作/品

作/品/解/读

作品名称： 天地之中（中原）有大美

作品主题： 匠心织就山河色，巧手裁出中国魂。一件黑色玉压襟香云纱旗袍，一件印染《清明上河图》香云纱长袍。

面料： 国家级非遗技艺——香云纱

　　香云纱是世界纺织品中唯一用纯植物染料染色的丝绸面料，被誉为"面料中的软黄金"。采用薯莨染蒸，过河泥、草地、阳光、露水……凝天地之灵气，聚日月之精华，素璞内敛，低调至极。轩辕黄帝的元妃夫人嫘祖发明了养蚕取丝，河南是丝绸的发源地。

作品创作思路：

　　以河南文化元素为素材，长袍款式借用由华夏始祖黄帝时期（河南新郑是黄帝故里）形成的"襟袖宽博，彬彬下垂矣"的宽衣长袍，具有包容天下的博爱风尚。长袍香云纱上再印制中国十大传世名画《清明上河图》，此图生动记录宋朝河南开封的盛世繁荣景象，是河南历史文明的见证。香云纱的低调与宋画的含蓄相得益彰，衣料崇尚自然，传承匠心制作，造型简约，搭配和田玉配饰压襟彰显出中国服饰的大气与精美。

王淑华

现任职于常州纺织服装职业技术学院，2007年毕业于东华大学服装与艺术设计学院。

- 2015年获江苏省高校微课教学比赛一等奖、全国高校微课教学比赛优秀奖。
- 2016年获首届全国纺织服装信息化教学大赛金奖。
- 2015年获首届"广德精准杯"中国服装立体裁剪创意设计大赛创意立裁银奖。
- 2016年获第二届"广德精准杯"中国服装立体裁剪创意设计大赛拓展设计银奖。
- 2016年获中国纺织工业联合会纺织职业教育教学成果二等奖。
- 2017年获江苏省高校微课教学比赛一等奖。

学习感悟

工作十多年后，有幸来到北京服装学院参加国家艺术基金项目"中国传统服饰图案传承与创新应用设计人才培养"的培训学习。在项目组老师的精心组织下，我们感受到了华夏民族从商周到明清时期的经典图案所带来的愉悦和震撼，大牛老师们用精美稀有的藏品、深入浅出的讲解、耐人深省的提问，让我们从思想上一次次接受美的洗礼，彻底刷新了以往对于传统图案的认知，也让我们发现在古代的各种器物中蕴含了太多高大而经典的样式，这些都是将来我们从事关于时装设计与人才培养的重要源泉。通过云南少数民族的田野调查和博物馆的参观学习，又让大家身临其境地巩固了新认知；同时图案的绘制练习与设计实践让想法落到实处，发现了自己的不足之处，今后还需多理解、多练习，愿有更多机会参加这样的深度学习！

图 / 案 / 作 / 品

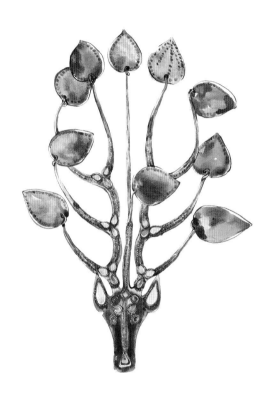

服 / 装 / 作 / 品

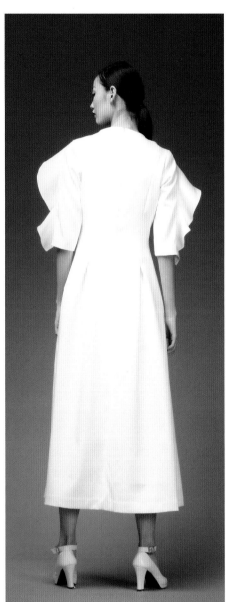

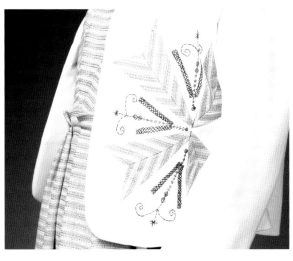

作 / 品 / 解 / 读

作品名称：太阳说

  在史前时期，太阳崇拜是一种在世界范围内普遍存在的原始崇拜和文化现象，八角星纹以几何样式绘制出了"太阳"这一神圣的图案，至今仍然作为一种文化符号在中国西南少数民族服饰中流传。本次服装设计以拼布工艺结合服装内部结构设计，在衣身上配以少量挑花形成八角星纹的装饰图案，表达了对祖先原始的时空方位观和民族精神的敬意。

卫向虎

重庆师范大学美术学院服装系专业教师，2008年4月
毕业于天津工业大学艺术设计专业，并获得硕士学位，主
要从事计算机辅助设计、针织服装制作、服饰图案等课程
教学。

学习感悟

传统是创新的根基，创新是传统焕发生机的通道。通
过这期培训，我对中国传统服饰图案的了解更加系统了，
对传统涵义的理解也更加透彻，对创新的视角也更加明确
了。各位学者身上的专业精神令人动容。最后，感谢项目
的负责人，给了我这次专业蜕变的机会。

图/案/作/品

服饰华章

中国传统服
饰图案传承
与创新

100

服/装/作/品

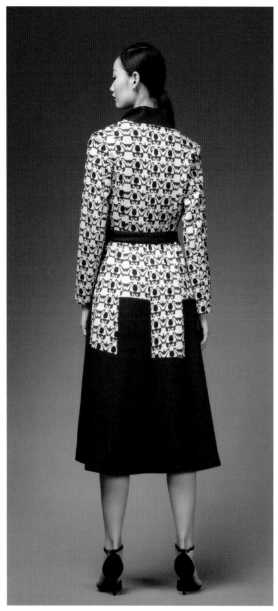

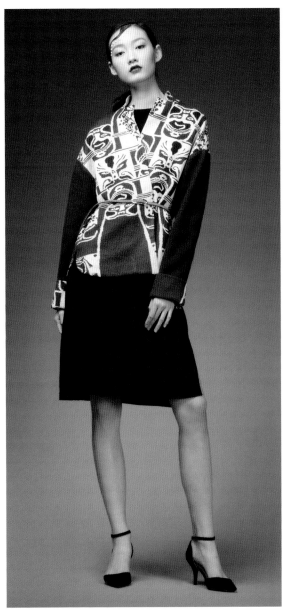

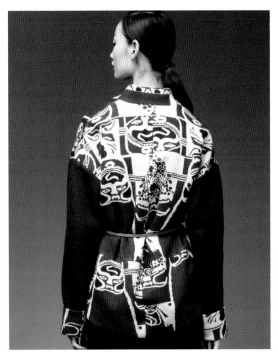

作 / 品 / 解 / 读

作品名称：粉墨的脸

　　小时候每个月都盼望初一、十五，嗯……初一、十五，庙会，戏台，唱大戏，呵！！人挨着人，人挤着人，在戏台上人人画着个大花脸，武枪弄棒，在地上不停地翻滚，不知道啥意思，只知道好一个热闹，好一个精彩。渐渐地人长大了，知道了那粉墨的脸叫脸谱，但是生活却没那么精彩了，色彩一点点都褪去了，刻在脑海里最后的欢愉，不能也不敢忘却。是！我还记着那花脸的形……

魏小庆

白族，大理大学艺术学院教师。大理大学民族艺术馆民族服饰设计工作室负责人。目前专注于滇西地区以白族服饰为主的少数民族服饰及民间工艺的研究与推广。

学习感悟

历时80天的学习，为我的世界打开了一扇门。古老的传统图案是不是只能供奉殿堂？未来她的语言是什么？她能给当代设计提供怎样的素材与灵感？老师们的思想深度和火花，让我懂得停下来，回到过去，对传统保持一颗敬畏、好奇与守望的赤子之心；也懂得唯有永不停止地探寻与设问，才能把传统的精、气、神，用自己的双手更好地表达给世界。一个人能走多远，取决于她去往哪里，与谁同行。感谢每一位良师益友，感谢每一位默默付出的工作人员，和你们的同行，给了我全新的启示与力量。

图/案/作/品

服 / 装 / 作 / 品

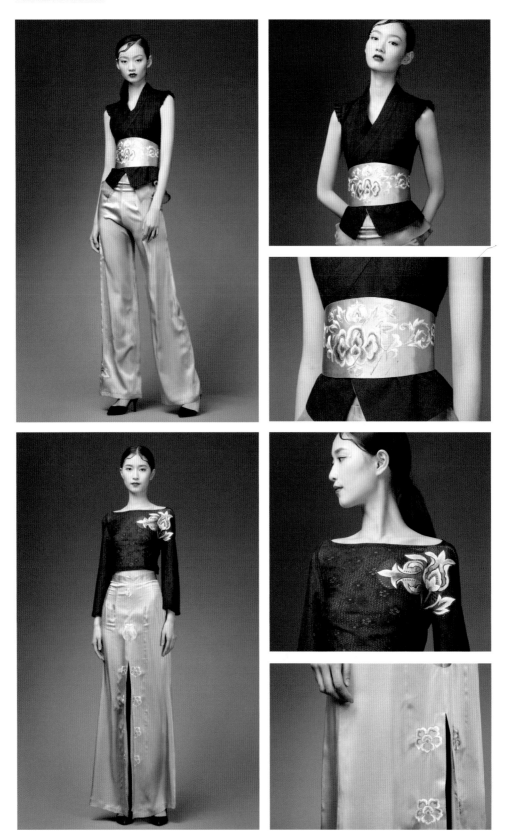

作 / 品 / 解 / 读

作品名称： 青红靛念

沉靛靛的蓝

质朴而孤寂

仿佛需要寻找点色彩

碰撞出绚烂花事

传统手工刺绣质感

青红相接

融合，新生

沉静而低调的颜色

搭配的丰富乐趣

一针一线

记录情感和文化

传统与现代

跨越时空的一场对话

吴 茜

教授，硕士生导师，双硕士学位（教育硕士、设计艺术学硕士）；现为武汉设计工程学院艺术设计学院副院长，服装设计系教师，中国服装设计师协会技术工作委员会委员，高级服装设计师。

一直从事当代服装设计语言、传统服饰文化和影视剧服饰文化研究。近5年，先后在国内重要期刊（CSSCI、中文核心、艺术核心）上发表专业教科研论文12篇，出版专业科研著作一部，两项个人教学研究成果均获国家一等奖。先后主持和主要参与了省级、校级科研课题共计9项。

学习感悟

"中国传统服饰图案传承与创新应用设计人才培养"国家艺术基金项目，让我们聚集一堂畅谈学习，使我们从最初的同行，成为了今天相互支持、相互帮助的朋友……

因为北京服装学院的平台与支持、组织与凝聚，我们收获的不仅仅是几节专家授课，十几天的田野考察……而是更多关于"传统服饰图案文化传承"的新思考和新目标。昨夜，我们一群还在因为这次的项目学习，畅谈传统图案的现代创制、民族服饰图案的新旧比较、服饰图案的研究应从社会学与生态学等多元领域嫁接融合，以及今后每个人可以从事的研究定位等。

当下，我们的时代需要文化精品和文化自信。而中国传统服饰图案的文化之魂、意境之美、技艺之精，是建立新时代中国时尚文化自信的重要源泉和历史底蕴。重塑中国文化自信，创造中国文化精品，未来需要教育者、设计师共同讲好"中国故事"！

服/装/作/品

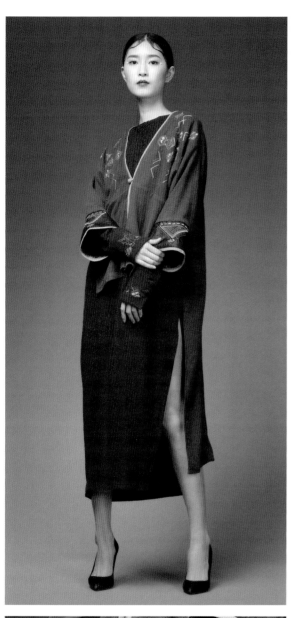

作 / 品 / 解 / 读

作品名称：凝

　　凝，乃聚集、凝结！是一种沉淀、是一种传承、是一种复兴。论古博今，无论是历史的演进、文化的交融、朝代的交替，均是变化中的凝结、基奠中的凝聚……

　　在通识古今、采集传承过程中，作品《凝》聚集了创作者对土家织锦的纹饰解读与重创，凝结了创作者对土家吊脚楼构造形式语言的主观诠释，希望通过布衣传承传统之形，传递传统之意……

肖 红

现为四川师范大学服装与设计艺术学院服装与服饰设计系讲师，四川省服装（服饰）行业协会专家委员会成员，获得东华大学艺术设计专业学士学位、设计艺术学专业硕士学位，以及欧洲设计学院服装与纺织品设计专业硕士学位。研究方向为民族民间工艺的传承和创新。编著部委级规划教材一本，参加专业比赛和展评多次获一等奖、二等奖、最佳创意奖等，参与厅级和国家级科研项目多项，参与专业相关横向课题多项。

学习感悟

重回学生的状态真的很幸福，带着对北服的期待而来，收获远远超过预期，无论是知识、友谊，还是眼界与思路。偶尔携手同行，偶尔互道珍重，或许才不辜负机缘与前程，短暂的八十天，一辈子的影响力！

图/案/作/品

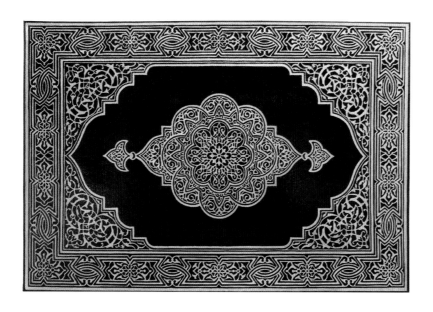

服饰华章

中国传统服
饰图案传承
与创新

112

服 / 装 / 作 / 品

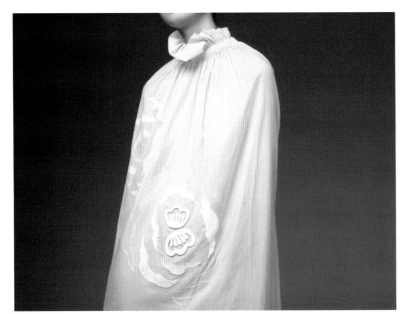

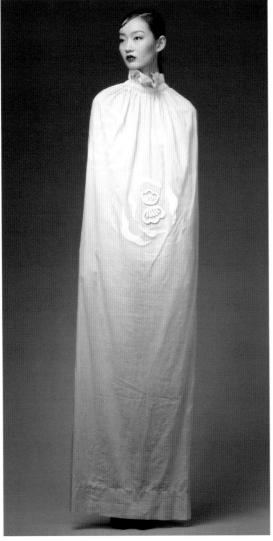

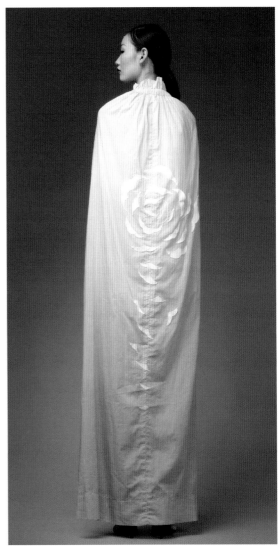

作 / 品 / 解 / 读

作品名称：远近

　　灵感源于彝族服饰的山茶花图案、彝族服饰的棉毛材料与刺绣和毛毡工艺。第一套内层造型借鉴百褶，外层使用3D打印材料和工艺完成传统图案衍生的抽象山茶花图形，第二套造型借鉴羊毛披毡，将传统图案抽象处理，使用辫绣、贴布绣、打籽绣等针法和薄棉布、羊毛毡等材料一起综合表现。系列设计通过渐变染色与新旧材料混合搭配，意图表达对时间与空间的多维思考，表达朴素浪漫与含蓄求进的民族品格。

信玉峰

山东潍坊人，副教授，硕士，毕业于东华大学，主要从事服装产品开发、品牌企划等方面的教学与研究。主持省级重点教改课题"服装专业特色院校工作室实践教学模式的研究及应用"等多项课题项目；发表论文10余篇，其中北大核心论文3篇；编写教材4部。个人作品多次荣获省部级服装设计大赛奖项，曾获"全国纺织职业教育先进个人"、中国国际职业时装创意设计大赛"新锐设计师"等荣誉称号。

学习感悟

通过本次国家艺术基金项目"中国传统纹样服饰图案传承与创新应用设计人才培养"的学习，系统地获悉了中国传统服饰图案传承、创新应用的内在关联性和发展的必然性。

项目课程通过集中性理论授课、专业采风和社会调研等教学形式和研究方法，以及纵向梳理中国古代传统服饰图案的发展脉络和横向分析比较中国各民族服饰图案的典型特征的教学方式，使自己的专业知识理论基础、创新应用业务水平能力、思想道德修养等方面有了比较明显的提高。在此感谢负责该项目的老师们及北京服装学院，感谢每一位专家老师的精彩授课。此阶段的学习使我收获颇丰，将受益终生。

图/案/作/品

作 / 品 / 解 / 读

作品名称：融合

　　灵感来源于"苗族服饰文化"。苗族是一个发源于中国的国际性民族，而在众多的苗族中，雷山苗族服饰更是多姿多彩，是当今世界上最美丽、最漂亮的服饰之一。这些多姿多彩的服饰铭载着本民族历经磨难的历史变迁，是对美好生活的憧憬和古往今来生活环境的浓缩。该民族仍保持着传统手工艺技法——织、绣、挑、染，同时还穿插使用其他的工艺手法，或者挑中带绣，或者染中带绣，或者织绣结合，从而使这些服饰花团锦簇，流光溢彩，显示出鲜明的民族艺术特色。史学家称之为："穿在身上的史书"。

　　该作品意义在于从创新入手，运用服装中流行趋势的元素，结合苗族服饰的内涵、特点及意义进行现代与过去的相融合，东方服饰文化与西方服饰文化的相融合。

徐晓彤

北京舞蹈学院创意学院副教授。毕业于北京服装学院服装设计专业，多年来在服装设计、产品研发与定做、个人整体形象设计和舞台服装专业教学领域积累了丰富的经验。近年来专注于少数民族舞蹈服饰文化研究领域，已出版发表多部专著和论文。

学习感悟

有幸参加本次北京服装学院组织的"国家艺术基金项目中国传统服饰图案传承与创新应用设计人才培训"。历时4个多月的学习、采风、创作、展览全过程，我满载而归，并在自己的教学课堂上，迫不及待地与学生们一起分享这份满满的收获。这次培训学习，既有理论指导的深厚，也有与专家、教授、学者、设计师进行充分交流的深入；即有亲至田野进行观察和体验的切实，也有亲手进行创作设计的实践。通过对中国传统服饰图案的深入解读，拓宽了视野，更新了观念，对我今后的教育教学工作更有深层次的提高和帮助。再次表示深深的感谢！

作/品/解/读

作品名称： 指尖时光

　　该设计为肉粉三角拼布款。民间传统的拼布叠布工艺，
满含着惜物惜时的情怀。它是指尖上的艺术，宛若浮世流光，
提醒时尚的追逐者应该珍惜眼前拥有的一切。

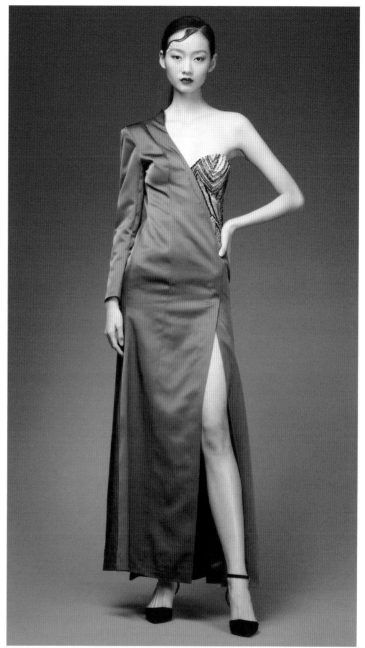

作 / 品 / 解 / 读

作品名称：蓝

　　该设计为蓝色刺绣款。蓝是东方的，也是西方的；蓝是宫廷的，也是民间的，正像几何形纹样那样，是各民族皆爱且皆用的。所以，它们代表世界，它们代表和谐。

杨 枝

现任武汉设计工程学院服装专业讲师，中国流行色协
会会员。2011年研究生毕业于北京服装学院，2008年本科
毕业于湖北美术学院。在职期间，发表论文及设计作品七
篇，荣获校级教学质量奖三等奖一项，各类竞赛组委会颁
发的"优秀指导教师奖"三项，参与校级及省级项目七项。

学习感悟

中国传统图案精美绝伦，美不胜收。此次培训内容丰
富，课程紧凑，每位老师对于传统图案的传承与创新进行
了不同视角的解读和诠释，这让我深受启发，深感在传统
图案创新设计的研究上任重而道远。

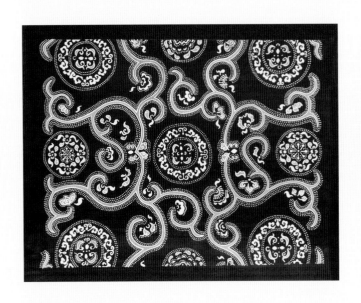

图/案/作/品

服饰华章

中国传统服
饰图案传承
与创新

124

服 / 装 / 作 / 品

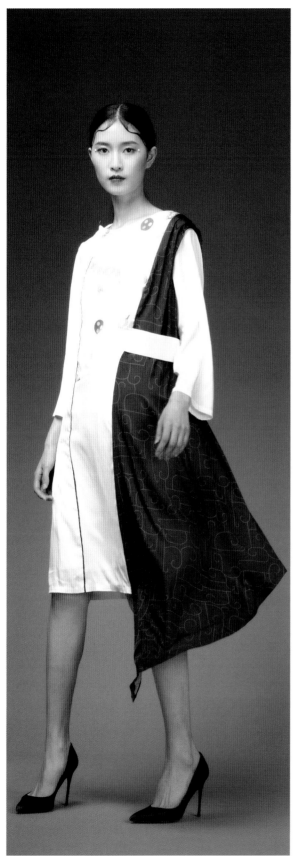

作 / 品 / 解 / 读

作品名称：释

　　该系列作品以楚文化为线索，探索两千多年前荆楚文化之瑰宝。楚墓出土的丝绸、漆器、青铜器等精美遗物件件光彩夺目，——展现出灿烂辉煌的楚国文明。作品提取楚墓中丝织品"蟠龙飞凤纹绣浅黄娟面衾"中的凤纹和花草纹等元素，进行简化、解构重组、再设计，同时和漆器——车马器上的几何线条纹样进行拼接设计，结合现代数码印花工艺实现传统图案在服装中的创新设计及应用。服装结构上以传统服装中的斜襟为灵感，以斜向分割线的形式将面料做拼接设计。作品对楚文化中的凤图腾等图案语言进行创新设计和诠释，探求传统楚文明与现代服装的完美结合。

杨志蓉

现任广西师范大学设计学院服装专业教师。

学习感悟

　　能参加这次由国家艺术基金资助、北京服装学院举办的"中国传统服饰图案传承与创新应用设计人才培养"项目的学习，我倍感荣幸！本次培训分三大部分：理论学习、考察调研和自主创作。在项目组成员的精心组织下，在各位老师的悉心教导下，在同学们的热心帮助下，经过为期两个月密集型的学习，我获益匪浅，对传统服饰图案的系统梳理以及传承和创新的精神内涵有了新的认知。新的文化语境更需要传统文化的滋养，传承和创新是重构当代中国文化的重要路径！

图 / 案 / 作 / 品

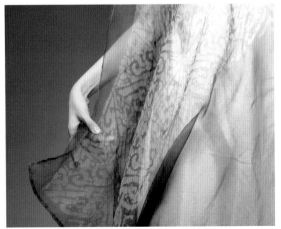

作 / 品 / 解 / 读

作品名称： 采蓝1-2

    中国传统服饰图案除了视觉意义上的装饰美，更重要的是其文化内涵和精神价值，它既是中国传统文化的重要构件，也是与传统文化一脉相承的精神载体，更是国人崇尚美好的集体表征。当传统服饰图案携带着多元的文化基因和精神密码进入当代的文化语境，重构服饰语言便成了当代服饰设计师的重任。作品《采蓝1-2》正是基于这个维度，在汲取中国传统纹样柿蒂花、如意云纹、云涡纹的基础上，融合新图案，通过传统的灰缬和草木染工艺对服饰语言多样性重构进行的新探索！

朱松岩

1982年3月生于江西樟树。苏州大学设计艺术学专业硕士，美国路易斯安那州立大学访问学者。2006年7月至今，在江苏工程职业技术学院（原南通纺织职业技术学院）工作。2013年8月在《产业与科技论坛》发表论文《舞台摄影艺术探索》——产业与科技论坛杂志社；2013年10月在《华章》发表论文《色彩在艺术设计中的应用》——华章杂志社；2014年3月在《兰台世界》发表《龚贤山水画艺术风格探究》；2014年8月出版"十二五"职业教育国家规划教材《服装设计技术》，任副主编；2015年10月在《作家》发表《张爱玲小说创作中的后印象派绘画的影响》。荣获2014年校级"先进个人"荣誉称号。参与《毛衫流行产品册》横向课题，完成并结题。参与国家示范性高等职业院校教材建设子项目《数码时装画表现》，完成并结题。参与国家示范性高等职业院校建设示范性核心课程建设子项目"服装设计专业教学团队建设"。多年在企业兼职设计总监。

学习感悟

首先，感谢主办方对培训课程的细致安排，多名国内知名专家的专题讲座与授课让我在服饰图案的各个领域都获得了更加深刻的理解。其次，所有任课老师都非常认真负责，从点到面、从对服饰图案宏观的认识到具体的绘画实践，都给予了我们很好的指导。

最后，再次感谢北京服装学院的王群山、张楠等老师对我们在学习和生活等方面的帮助。我会将这次培训的内容好好消化与吸收，努力做到将所学知识回馈教学。

图/案/作/品

服饰华章

中国传统服
饰图案传承
与创新

132

服/装/作/品

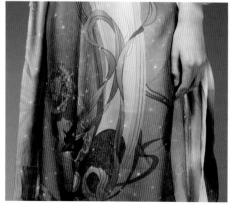

星梦

星舞

作 / 品 / 解 / 读

作品名称： 星梦　星舞

　　具有中国文化特色的"飞天"，从艺术形象上说，它是一种文化的复合体，是印度佛教天人和中国道教羽人、西域飞天和中原飞天长期交流、融合为一的成果。

　　"飞天"，凭借飘逸的衣裙、飞舞的彩带而凌空翱翔，它是中国历史上艺术家最具天赋的创作之一；

　　"飞天"，象征着人的灵魂可以羽化升天，就艺术特点来说，它灵动、飘逸、唯美。

　　在款式方面，力求设计出具有传统韵味的现代休闲女装。在图案方面，以传统"飞天"为主要灵感来源，用时尚的表现手法重新诠释飞天形象，结合抽象的几何星空图形，寓意自由自在、飘逸洒脱。

邹　莹

北京服装学院高级时装设计方向硕士，现为兰州城市学院服装与服饰设计专业教师，清华大学染织与服装艺术设计专业访问学者。

学习感悟

有幸受选参加2018国家艺术基金项目"中国传统服饰图案传承与创新应用设计人才培养"，深感荣幸，收获颇丰。该项目为我织就了一张网，先以时间为经线，从上下几千年金银、玉石、木漆、纺织品等载体上，纵深挖掘了传统图案的精髓，这里的传统，包含了宫廷和民间两条不同的发展线，同样精彩的服饰图案文化。再以空间为纬线，在与汉族服饰的比较中，梳理了少数民族异彩纷呈的服饰图案和服饰文化。接着进行了中外服饰的比较，在更大的地理范围上使学员对传统图案的民族调性和构成特点有了更清晰的把握。最后，以这样一张经纬纵横的图案之网为基础，从技术发展、商业应用、国内外现状、艺术思潮等方面对如何将传统服饰图案进行创新性应用展开了探讨。项目的结束带来更深的思考，如何手持这样一把好网，于时代变迁的风潮中，在服饰文化和创新应用的海洋里捞起大鱼，可能是今后的创作和教学中需要不断迭代和实践的问题。

图 / 案 / 作 / 品

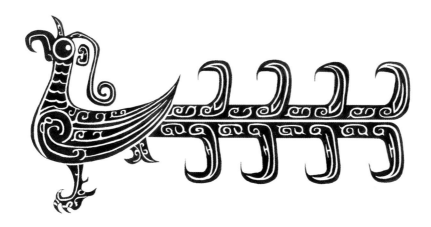

服 / 装 / 作 / 品

《多娇》

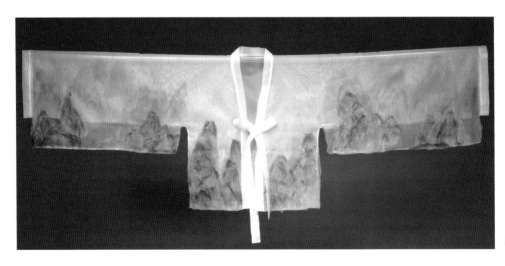

《竞折腰》

多娇竞折腰

作 / 品 / 解 / 读

作品名称：多娇竞折腰

　　以《千里江山》为图案，以青绿山水为色彩，以直身广袖为形制，追求"层峦叠嶂"的视觉美和"虚实结合"的意境美，创造出在服装和壁挂之间游走的作品，实现江山在光线与虚实之间呈现的风貌。每一座山的每一个层次都是单独绘制、裁剪、烧灼、染色、对位，最后以羊毛毡固定的；利用绡的透光、染色的变化、手绘山水和贴绣山水的结合、羊毛毡的位置和薄厚等，在一件看似简单的服装上打造出十几个不同的层次，希望能通过描摹中国画的空灵感，进行传统服装和当代精神的结合。

后记

POSTSCRIPT

北京服装学院作为2018年度国家艺术基金项目"中国传统服饰图案传承与创新应用设计人才培养"的主体单位，在项目的执行过程中深入贯彻习近平新时代中国特色社会主义思想和党的十九大精神，努力做到把握方向、保障质量、巩固高度，以传承中国传统文化、科学创新和特色教学为导向，把此次人才培养项目做到实处。

我们以培育高水平德艺双馨艺术人才为目标，遵循高层次、小批量原则，体现灵活性、多样化特点，科学合理地安排教学内容，注重艺术经验的直接传授，拓展了参培学员的艺术视野和创新能力。

目前，本次人才培养项目的效果开始展现，已经有学员的设计作品获奖、论文发表，以及省部级科研课题获批等相关成果，相信未来他们会陆续取得更多的成绩。

从项目申报、获批直到完成，首先感谢国家艺术基金委对北京服装学院教学和科研实力的肯定与支持；感谢学校各级领导和相关部门在各个方面的大力资助；感谢项目组所有成员作出的辛勤努力；感谢校内外专家对我们的学术支持。最后，还要感谢三十位优秀的学员们，在炎热的夏日勤奋努力的学习，最后呈现出他们的优秀作品。相信通过参加本次国家艺术基金项目，会为他们今后的专业发展奠定扎实的基础，起到更加积极的作用。

北京服装学院将以本次国家艺术基金项目为契机，继续推动中国传统服饰图案传承、创新和应用的发展，项目的研究成果对弘扬中华民族优秀的传统文化、提升当代设计师的内生动力具有重要的学术价值和现实意义。

刘元风

2018年12月